BEI GRIN MACHT SICH IHR WISSEN BEZAHLT

- Wir veröffentlichen Ihre Hausarbeit, Bachelor- und Masterarbeit

- Ihr eigenes eBook und Buch - weltweit in allen wichtigen Shops

- Verdienen Sie an jedem Verkauf

Jetzt bei www.GRIN.com hochladen und kostenlos publizieren

Florian Schneider

Natürliche Vorbilder moderner Faserverbundwerkstoffe

GRIN Verlag

Bibliografische Information der Deutschen Nationalbibliothek:

Die Deutsche Bibliothek verzeichnet diese Publikation in der Deutschen National-
bibliografie; detaillierte bibliografische Daten sind im Internet über http://dnb.d-
nb.de/ abrufbar.

Impressum:

Copyright © 2014 GRIN Verlag GmbH
Druck und Bindung: Books on Demand GmbH, Norderstedt Germany
ISBN: 978-3-656-92989-5

Dieses Buch bei GRIN:

http://www.grin.com/de/e-book/295126/natuerliche-vorbilder-moderner-faserver-
bundwerkstoffe

Ignatz Kögler Gymnasium
Landsberg am Lech

Abiturjahrgang: 2013/2015
Rahmenthema: Bionik
Leitfach: Biologie

Seminararbeit

Natürliche Vorbilder moderner Faserverbundwerkstoffe

Name: Florian Schneider

Abgabetermin: 4. November 2014

Inhaltsverzeichnis

1 Einleitung

Jeder Mensch, der ein Auto besitzt, würde wahrscheinlich gerne seinen Kraftstoffverbrauch minimieren, ohne dabei Einschränkungen im Bezug auf Sicherheit eingehen zu müssen. Wie auch in vielen anderen Bereichen sind damit die Werkstoffe der Automobilindustrie immer höheren Anforderungen ausgesetzt: Sie sollen in diesem Fall leicht und gleichzeitig stabil sein, sich bei einem Crash, um die kinetische Energie abzubauen, verformen lassen und dennoch nicht splittern. Genau diese Eigenschaft der Leichtbauweise, nämlich hohe Festigkeit und Steifigkeit bei geringem Gewicht[1] wird heutzutage in vielen Bereichen der Technik immer mehr gefordert.

Konventionelle Massivwerkstoffe wie Aluminium oder Stahl erfüllen heute oft nicht mehr die Bedingungen Industrie. Um Lösungen zu genau diesem Problem zu finden, wurden die sogenannten Faserverbundwerkstoffe entwickelt, mit denen sich diese Seminararbeit beschäftigt. Es gibt bereits eine Vielzahl dieser Materialien mit den unterschiedlichsten Anwendungsbereichen. Ihr geringes Gewicht ist beispielsweise in Luft- und Raumfahrt wichtig, während ihre Korrosions- und Ermüdungsbeständigkeit vor allem bei Langzeitanwendungen in den Vordergrund rücken.

Die Idee der Faserverbundwerkstoffe ist aber schon wesentlich älter, als ihre künstlichen Vertreter vermuten lassen. Viele von ihnen wurden nicht einfach ohne eine Vorlage entwickelt. Warum auch, wenn es in der Natur diverse Vorbilder gibt?

> "Der menschliche Schöpfergeist kann verschiedene Erfindungen machen [...], doch nie wird ihm eine gelingen, die schöner, ökonomischer und geradliniger wäre als die der Natur, denn in ihren Erfindungen fehlt nichts, und nichts ist zu viel."

Das sagte schon Leonardo da Vinci, einer der berühmtesten Universitätsgelehrten aller Zeiten, und daran hat sich bis heute nichts geändert. Die Wissenschaft, die sich genau mit diesem Thema beschäftigt, nennt man Bionik. Grundlegende Prinzipien der Bionik werden in dieser Arbeit zwar nicht behandelt, der bionische Aspekt von Faserverbundwerkstoffen und deren Nachahmung am natürlichen Vorbild sind aber Teile des Inhalts.

---

[1] Vgl. Michaeli: Einführung in die Technologie der Faserverbundwerkstoffe, S. 8.

In den verschiedenen Kapiteln soll zuerst der Begriff Faserverbundwerkstoff definiert und sein typischer Aufbau erklärt werden. Nachdem der Leser anhand von Beispielen über die weite Verbreitung biologischer Kompositwerkstoffe in der Natur informiert wurde, widmet sich die Seminararbeit deren genauer Funktionsweise anhand von grundlegenden Regeln und Formeln. Im letzten Kapitel befindet sich das gefärbte Dauerpräparat eines natürlichen Faserverbundwerkstoffs, um Gemeinsamkeiten mit seinen künstlichen Kopien aufzuzeigen.

Grundlegende Prinzipien der Bionik werden in der Arbeit nicht behandelt. Auch die Herstellung künstlicher Kompositwerkstoffe oder deren Verhalten bei einer Belastung in mehrere Raumebenen hätten den Umfang gesprengt und sind daher nicht enthalten.

Der Schluss der Arbeit zeigt noch einmal das enorme Potential von Faserverbundwerkstoffen auf. Er befasst sich mit momentanen Problemen, dem derzeitigen Forschungsstand und gibt einen Ausblick auf deren mögliche Bedeutung in der Zukunft.

2 Aufbau von Faserverbundwerkstoffen

Ein Verbund- oder Kompositwerkstoff (lat. compositio, ‚Zusammenstellung‘, ‚Anordnung‘) ist im Allgemeinen ein Material, das sich aus zwei oder mehreren Komponenten mit unterschiedlichen Werkstoffeigenschaften zusammensetzt. Die hochwertigen mechanischen Eigenschaften des Verbundes werden erst durch das richtige Zusammenspiel beider Substanzen erreicht.

Wie der Name Faserverbundwerkstoff bereits erahnen lässt, befinden sich in dieser Unterkategorie der Verbundwerkstoffe sogenannte Fasern. Eine Faser ist ein im Verhältnis zu seiner Länge dünnes und flexibles Gebilde, das aus einem Faserstoff besteht.[2] Da die Länge einer Faser in den meisten Anwendungen ihren Durchmesser um ein vielfaches übersteigt, ist sie aufgrund ihres geringen Volumens leichtgewichtig. Außerdem besitzen Fasern eine Anisotropie, das heißt ihre Materialeigenschaften in die verschiedenen Raumebenen sind unterschiedlich gut. Eine Faser hat ihre besten mechanischen Eigenschaften in Längsrichtung und ist darum trotz geringer Stärke extrem zugfest.

In der Natur durchziehen aus diesem Grund z.B. Knochen- oder Cellulosefasern viele Materialien, um sie in Längsrichtung zu verstärken. Die Fasern, die aus natürlichen Quellen stammen und sich ohne Umformung direkt einsetzen lassen würden, nennt man Naturfasern. Ihre künstlichen Nachahmungen bestehen aus zugfesten Materialien wie Nylon, Glas oder Kohlenstoff und werden ebenfalls extrem dünn ausgerollt. Eine typische Kohlenstofffaser hat beispielsweise einen Durchmesser von sieben Mikrometern und eine Länge von mehreren Metern.[3] Fasern zeichnen sich zwar durch eine hohe Zugfestigkeit aus, halten aber auf Biegung oder Druck kaum Belastungen stand. Sie haben eine bemerkenswerte Verstärkungswirkung in Längsrichtung, können allerdings keine Strukturen in Form halten.

Genau das ist die Aufgabe der Matrix, dem zweiten Bestandteil eines Faserverbundwerkstoffes, der ca. 40-85% seines Volumens ausmacht.[4] Sie dient dazu, die Fasern vollständig zu umhüllen und so in der gewünschten Geometrie zu fixieren, außerdem verhindert sie etwaige Reibung zwischen ihnen. Bei einer Druckbelastung ist es die Aufgabe der Matrix, die Fasern stützend einzubetten (siehe 4.2. Kraftübertragung). Des weiteren dient sie dazu, die

---

[2] Vgl. http://wikipedia.org/wiki/Faser
[3] Vgl. Jäger: Carbonfasern und ihre Verbundwerkstoffe, S. 11-12.
[4] Vgl. Neitzel: Faser-Kunststoff-Verbunde, S. 36.

Kräfte auf die Fasern zu leiten und eine Kraftübertragung zwischen den Fasern und – falls vorhanden – zwischen den verschiedenen Laminatschichten herzustellen.[5] Die Matrix selbst ist meistens relativ weich und hat nur mäßige mechanische Eigenschaften verglichen mit denen der Fasern, ist aber im Gegensatz zu diesen isotrop.[6] Das bedeutet, dass sie die Kraft richtungsunabhängig auf die Fasern verteilt wird, während diese an Ort und Stelle gehalten werden.

3 Vorkommen natürlicher Faserverbundwerkstoffe

Faserverbundwerkstoffe gehören nicht nur zu den modernsten heute möglichen Werkstoffen, sondern ebenfalls zu den ältesten der Welt.[7] Nicht nur die heute modernen Faserverbundkunststoffe nutzen die festigkeitssteigernde Wirkung einer faserartigen Werkstoffstruktur, auch ihre natürlichen Vorbilder arbeiten nach demselben Prinzip. Und deren Vorkommen in der Natur ist weitaus höher, als man zunächst vermuten mag. Sie sind sogar der Grund dafür, dass es überhaupt Pflanzen auf dem Festland gibt.

Früher spielte sich alles Leben im Wasser ab. Erst im Laufe der Evolution sollten Flora und Fauna auch das Land bevölkern. Das Wasser bot für das Wachstum der Pflanzen seit jeher ideale Bedingungen: Die sehr reißfesten Cellulosefasern hielten die Gewächse unter Wasser zusammen, während der Auftrieb für die nötige Stabilität und das Wachstum nach oben sorgte. Damit Pflanzen aber auf dem Land vertikal nach oben wachsen konnten, brauchte die Natur ein Mittel, um feste Konstruktionen zu ermöglichen.

So entstand das Lignin, das der wesentliche Grund für die Festigkeit aller heutigen Pflanzen ist. Mit diesem Feststoff in Verbindung mit Cellulosefasern gelang es Pflanzen zum ersten mal, außerhalb des Wassers größere Gebilde zu formen, die nicht unter ihrem eigenen Gewicht zusammenbrachen. Lignin diente dabei als festes Stützmaterial, das vor allem für die Druckfestigkeit wichtig war, während die eingelagerten Cellulosefasern für die Aufnahme der Zugkräfte sorgten.

Dieses Material kennen wir heute als Holz. Es ist der meistverbreitete natürliche Faserverbund und kommt fast überall in der Natur vor. Selbst

---

[5]Vgl. Reich: Grundlagen der Faserverbund-Sandwichbauweise, S. 10.
[6]Vgl. AVK: Handbuch Faserverbundkunststoffe, S. 296.
[7]Vgl. ebd., S. 295.

viele Pflanzen, die kein Holz im eigentlichen Sinne enthalten, nutzen die festigkeitssteigernde Wirkung von Cellulosefasern in Verbindung mit anderen Materialien und können deswegen als Faserverbund bezeichnet werden. Nicht nur in der Flora, sogar in der Fauna kann man natürliche Faserverbunde finden. Die Knochen von Wirbeltieren dienen in zweierlei Hinsicht als Beispiel:

Im Mikrometerbereich wird die Knochenhaut durch Osteons[8] faserartig durchzogen. Im noch kleineren Nanometerberiech sind Proteinfasern aus Kollagen in eine kristalline Matrix aus Hydroxylapatit[9] eingelassen, um diese zu verstärken.

Sogar das Außenskelett von Gliederfüßern besteht aus einem biologischen Faserverbundwerkstoff namens Chitin. In einer Matrix aus Proteinen, Lipiden und anderen Bestandteilen befinden sich langkettige Chitinfasern, um die Materialeigenschaften zu verändern. Durch verschiedenste Faser-Matrix-Zusammensetzungen ergeben sich extrem harte Sklerite (Hartteile) in den Flügelgelenken und im Kiefer auf der einen Seite, hochelastische Flügel und Gelenkmembranen auf der anderen.[10]

Noch in vielen weiteren Fällen werden die vorteilhaften Eigenschaften von Faserverbundwerkstoffen durch die Natur genutzt. Ihre Funktionsweise soll im folgenden Kapitel erklärt werden.

4 Funktionsweise von Faserverbundwerkstoffen

Da wir jetzt über die Verbreitung von Faserverbundwerkstoffen in der Natur Bescheid wissen, widmet sich dieser Teil der Arbeit ganz dem Zusammenspiel von Matrix und Fasern. Wie bereits in Kapitel 2 erwähnt, ist jede Faser anisotrop und weist ihre guten mechanischen Eigenschaften nur in Längsrichtung auf. Der Kompositwerkstoff wird deswegen nur in diese Richtung verbessert, sodass die bestenfalls rudimentäre Verstärkung in Querrichtung vernachlässigt werden kann.

Quer zur Faserrichtung ergeben sich sogar Situationen, in denen die Fasern einen nachteiligen Effekt haben. Diese werden am Ende des nächsten Kapitels behandelt.

---

[8]Funktionelle Grundeinheit der Kortikalis eines Röhrenknochens.
[9]Mineral aus der Mineralklasse der Phosphate, Arsenate und Vanadate.
[10]Vgl. Nachtigall: Bionik, S. 61.

4.1 Bedingungen für die Verstärkungswirkung von Fasern

Nicht jede Faser kann dazu eingesetzt werden, die Stabilität eines beliebigen Werkstoffs zu verstärken. Damit die Fasern eine Verstärkungswirkung für den Verbundwerkstoff erfüllen, müssen folgende drei Bedingungen[11] erfüllt werden, die im Anschluss erklärt werden:

1. $E_{\text{Faser, längs}} > E_{\text{Matrix}}$

   Der Elastizitätsmodul der Faser in Längsrichtung muss größer sein als der Elastizitätsmodul des Matrixwerkstoffs.

2. $\varepsilon_{\text{Bruch, Matrix}} > \varepsilon_{\text{Bruch, Faser}}$

   Die Bruchdehnung des Matrixwerkstoffs muss größer sein als die Bruchdehnung der Fasern.

3. $R_{\text{Faser, längs}} > R_{\text{Matrix}}$

   Die Bruchfestigkeit der Fasern muss größer sein als die Bruchfestigkeit des Matrixwerkstoffs.

Nur wenn obige Bedingungen erfüllt sind, verbessern sich die Materialeigenschaften des neu entstehenden Werkstoffes verglichen mit denen der einzelnen Komponenten. Während sie in jedem natürlichen Faserverbund aufgrund der Evolution erfüllt sind, muss bei der Fertigung eines tauglichen künstlichen Werkstoffes großes Augenmerk auf ihre Erfüllung gerichtet werden.

In folgendem Diagramm[12] liegt ein Verbundwerkstoff mit anisotropen Fasern vor. Das heißt, die Fasern wurden alle in die gleiche Richtung in den Werkstoff eingebracht und verstärken ihn deswegen nur in Längsrichtung. Der Werkstoff wird auf der linken Seite in Faserrichtung, auf der rechten Seite quer zu ihr belastet. Die Spannung wird auf der Y-Achse, die zugehörige Dehnung auf der X-Achse der Diagramme vermerkt.

---

[11] Vgl. http://www.chemie.de/lexikon/Faserverbundwerkstoff.html; Bedingungen für die Verstärkungswirkung von Fasern.

[12] Qualitative Spannungs–/Dehnungsdiagramme einer UD-ES Quelle: AVK: Handbuch Faserverbundkunststoffe, S. 296, Abb. 5

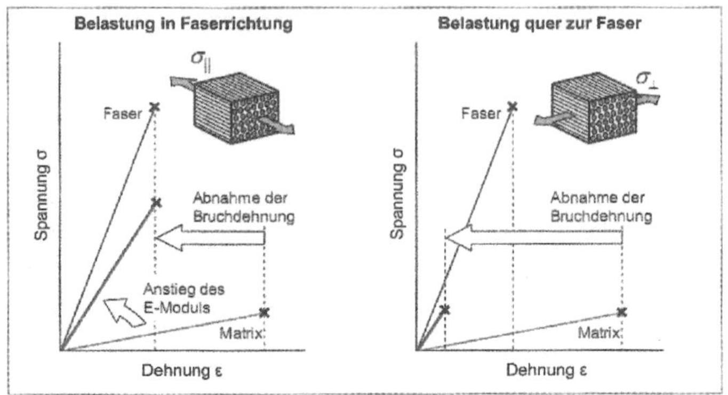

1. Bedingung: $E_{\text{Faser, längs}} > E_{\text{Matrix}}$

Der Elastizitätsmodul[13] ist ein Wert, der zur Bemessung der Festigkeit eines Materials verwendet wird. Er wird in Pascal gemessen und beschreibt, wie groß die Verformung ε bei einer bestimmten mechanischen Spannung σ ist.

$$E = \frac{\sigma}{\varepsilon} = konstant$$

Der Elastizitätskoeffizient ist definiert als Steigung des Graphen im Spannungs-Dehnungs-Diagramm für eine einachsige Belastung eines Werkstoffes.

Im linken Bild wird der Faserverbundwerkstoff nur in Faserrichtung belastet. Der blaue Graph beschreibt den Elastizitätsmodul der Faser. Er hat im Vergleich zum roten Graphen der Matrix eine größere Steigung und damit einen höheren E-Modul, das heißt bei gleicher Belastung dehnt sich die Matrix wesentlich mehr als die Fasern.

Erst durch die Verbindung beider Materialien entsteht der neue Graph (rot-blau). Der E-Modul des neuen Materials ist fast gleich hoch wie der der Fasern alleine. Sie lassen sich auch im Verbund noch schwer dehnen und erhöhen so den E-Modul des Verbundwerkstoffs fast auf ihren eigenen Wert. Wäre die 1. Bedingung nicht erfüllt und die Matrix hätte einen höheren E-Modul, würden sich die Fasern bei gleicher Belastung weiter dehnen als die Matrix und diese somit nicht verstärken.

---

[13] Auch: Zugmodul, Elastizitätskoeffizient, Dehnungsmodul, E-Modul oder Youngscher Modul, benannt nach Thomas Young.

2. Bedingung: $\varepsilon_{\text{Bruch, Matrix}} > \varepsilon_{\text{Bruch, Faser}}$

Die Bruchdehnung A oder $\varepsilon_{\text{Bruch}}$ ist ein Wert für die Verformbarkeit eines Werkstoffes, bis dieser bricht. Sie ist ein Verhältnis zur Ursprungslänge und wird in Prozent angegeben.[14] A kann mit folgender Formel berechnet werden:

$$A = \frac{\Delta L}{L_0} \cdot 100\% = \frac{L_{\text{u}} - L_0}{L_0} \cdot 100\%$$

Beispiel: ein Stab hat eine Anfangsmesslänge L_0 von 10cm und wird in Längsrichtung belastet. Im Moment des Bruchs hat er eine Länge L_u von 13,2cm. $A = \frac{13{,}2cm - 10cm}{10cm} \cdot 100\% = \frac{3{,}2}{10} \cdot 100\% = 32\%$

$\Rightarrow$ Es ergibt sich eine Bruchdehnung von 32%

Im Diagramm ist die Bruchdehnung von Faser und Matrix als gestrichelte Linie auf der x-Achse vermerkt. Die Bruchdehnung der Matrix im linken Abbild ist wesentlich größer als die der Fasern. Das heißt, verglichen mit ihnen kann man die Matrix weiter dehnen, bis sie bricht. Im Verbund nimmt die Bruchdehnung aber auf den kleineren Wert der Fasern ab. Das liegt daran, dass diese sich auch im Kompositwerkstoff nicht weiter dehnen lassen. Sie brechen ab einer bestimmten Verformung ab, dabei spielt es keine Rolle, ob sie sich in einer Matrix befinden oder frei vorliegen. Zusammen mit der Bruchdehnung nimmt auch die Verformbarkeit des Faserverbundwerkstoffs auf den kleinsten Wert der Komponenten ab. Wäre das nicht der Wert der Fasern, hätten sie also eine höhere Bruchdehnung als die Matrix, würde diese bei einer Belastung zuerst reißen.

3. Bedingung: $R_{\text{Faser, längs}} > R_{\text{Matrix}}$

Die Bruchfestigkeit R ist ein Wert für die mechanische Spannung, der ein Werkstoff standhalten kann, bis er zerbricht.

Im Diagramm ist sie am Ende des Graphen als x Auf der Spannungsachse markiert. Die Fasern haben auf der linken Seite wegen ihrer hohen Belastbarkeit eine wesentlich größere Bruchfestigkeit als die Matrix.

Beim Verbund beider Werkstoffe liegt der neue Wert immer zwischen den beiden anderen, er sinkt also leicht ab. Das liegt daran, dass Bruchfestigkeit in Pascal ($1Pa = 1\frac{N}{m^2}$), also in Abhängigkeit zur Fläche gemessen wird. Sie ergibt sich deswegen als Mischwert aus denen der Faser und der Matrix, wobei

---

[14]Vgl. http://www.maschinenbau-wissen.de/skript3/werkstofftechnik/metall/
23-bruchdehnung

die kleinere Bruchfestigkeit der Matrix den Wert leicht negativ beeinflusst. Wäre obige Bedingung nicht erfüllt, die Bruchfestigkeit der Fasern also gleich oder sogar geringer, würde sich die Bruchfestigkeit in der Verbindung nicht erhöhen.

Außerdem ist es wichtig, dass die Belastung des Werkstoffes in Faserrichtung erfolgt. Im rechten Abbild wird der gleiche Werkstoff jetzt quer zur Faser belastet. Das führt, wie bei anisotropen Faserverbundwerkstoffen typisch, zu vielen Einbußen. Besonders stark fällt dabei eine Abnahme der Bruchdehnung auf, die geringer ist, als die von Faser oder Matrix alleine. Grund dafür ist die Dehnungsvergrößerung[15], ein schwerwiegendes Problem, mit dem alle heutigen Faserverbundwerkstoffe zu kämpfen haben. Sie wird dadurch hervorgerufen, dass sich die Matrix stärker dehnt, als die in ihr enthaltenen Fasern. Dadurch entstehen mikroskopische Risse, die zu einem schnellen Versagen des Werkstoffes führen.

Auch die Bruchfestigkeit des Materials in Querrichtung wird nicht erhöht und nimmt den niedrigsten Wert, also den der Matrix an. Das liegt daran, dass die hohe Bruchfestigkeit der Fasern nichts nützt, wenn die Kraft erst gar nicht auf diese übertragen wird.

Um ideale mechanische Eigenschaften im faserverstärkten Bauteil zu erreichen, ist eine gute Faser-/Matrix-Haftung unentbehrlich.[16] Lösen sich die Fasern bei einer Belastung von der Matrix, ist der Verbundwerkstoff zerstört.

Wird der Werkstoff ausschließlich in Faserrichtung belastet, kann die bestmögliche Verstärkungswirkung durch den Einsatz möglichst langer, anisotroper Fasern erzielt werden. Soll er aber in mehrere Richtungen gleichzeitig belastbar sein, dürfen nicht mehr alle Fasern in die gleiche Richtung zeigen. Um den Werkstoff, wie für die meisten Faserverbundkunststoffe typisch, in zwei Raumebenen zu verstärken, können die Fasern als Gewebe vorliegen. Wenn sie vollkommen isotrop (ungerichtet) sind, verstärken sie ihn einerseits in jede Richtung, andererseits nimmt die Verstärkungswirkung in eine bestimmte Richtung dadurch stark ab. In der Natur treten ganz unterschiedliche Faseranordnungen auf. Holz ist beispielsweise eher anisotrop, die durch Zellordnung verursachte Anisotropie ist bei den verschiedenen Holztypen unterschiedlich stark ausgeprägt.

---

[15]Vgl. http://www.chemie.de/lexikon/Dehnungsvergr%C3%B6%C3%9Ferung.html

[16]Vgl. AVK: Handbuch Faserverbundkunststoffe, S. 439, Prinzip der Langfaserverstärkung.

4.2 Kraftübertragung

Wird eine konzentrierte Zugkraft auf den Werkstoff ausgeübt, kann sie nie direkt die Fasern angreifen. Grund dafür ist, wie bereits in Kapitel 2 erwähnt, eine Matrixschicht, die die Fasern an jeder Stelle umhüllt. Die Zugkraft wirkt deswegen erst nur als konzentrierte Spannung auf die Matrix und wird von dieser auf die nächstliegenden Fasern verteilt. Die Größe dieses „Ausbreitfeldes", also der Bereich, in dem die Matrix eine Kraft auf die Länge der Faser übertragen kann, hängt von den Materialeigenschaften beider Komponenten ab:

Ist die Matrix im Vergleich zu den Fasern relativ weich, ergibt sich ein großer Bereich, auf den sie ihre Kraft übertragen kann. Je steifer die Matrix und je weicher die Fasern, desto kleiner wird diese mitwirkende Länge.

Wenn parallel zum Faserverlauf keine Zug-, sondern eine Druckkraft ausgeübt wird, ist nicht nur die Zugfestigkeit der Faser, sondern auch die Matrixsteifigkeit k wichtig.

Wie in der Abbildung links[17] erkennbar, verhält sich die Faser wie ein elastisch gebetteter Balken und verformt sich wellenartig senkrecht zur Krafteinwirkung. Die Matrix wird dabei an manchen Stellen auf Zug und an anderen Stellen auf Druck belastet. Bei einem Druckversagen, also einer irreversiblen Überbelastung des Werkstoffs durch Druck, brechen entweder Matrix oder Faser. Wenn k der Matrix an einer Stelle nicht mehr ausreicht, reißt sie und der Faserverbundwerkstoff ist beschädigt. Biegt man die Fasern zu weit in deren Querrichtung, wird die Biegefestigkeit EI_{Faser} überschritten und sie zerbrechen.

Die Biegefestigkeit EI ist ein Wert für die Spannung, der ein auf Biegung belastetes Bauteil standhalten kann, bis es versagt. Sie entscheidet darüber, wie weit sich die Fasern bei einer bestimmten Druckbeanspruchung der Matrix auf oben genannte Weise verformen können. Je höher die Biege-

---

[17]Veranschaulichung des Funktionsprinzips druckbeanspruchter, in eine Matrix eingebetteter Fasern. Quelle: http://de.wikipedia.org/wiki/Faserverbundwerkstoff, Abb. 2.

festigkeit, desto mehr Verformung können die Fasern standhalten und desto stärker kann der Verbundwerkstoff auf Druck belastet werden.

Da sich die Biegfestigkeit aus dem Elastizitätsmodul und dem Flächenträgheitsmoment zusammensetzt, sind jetzt nicht nur die Materialeigenschaften der Fasern, sondern auch noch deren Durchmesser von Bedeutung. Das Flächenträgheitsmoment ist eine geometrische Größe aus der Festigkeitslehre, die sowohl schwer zu erklären als auch schwer zu berechnen ist. Es wird daher in dieser Seminararbeit nicht weiter behandelt.

Um die für den Verbundwerkstoff ertragbare Kraft auf Druck jetzt zu berechnen, ist eine Formel nötig, die sämtliche Faktoren der Matrixfestigkeit, des E-Moduls und des Flächenträgheitsmoments in Verbindung bringt. Bereits kleinste Veränderungen in der Werkstoffzusammensetzung haben aber enorme Auswirkungen auf die Ergebnisse der Tests. Die Faserverbundwerkstoffe versagen bei verschiedenen Prüfungen auf immer unterschiedliche Weise, wobei sich die Gründe des Versagens oft abwechseln oder gegenseitig bedingen. Das liegt daran, dass selbst geringe Änderungen in den Anfangsgrößen chaotische Auswirkungen auf die Endergebnisse haben. Man spricht von einem Stabilitätsproblem. Erst Mitte der 60er Jahre wurde damit angefangen, den Fall Druckbelastung zu überprüfen. Er stellt noch heute im 21. Jahrhundert eine der größten Herausforderung bei der Werkstoffprüfung dar.

5 Dauerpräparat am natürlichen Faserverbundwerkstoff Holz

Holz in seiner natürlichen Form ist die Vorlage vieler moderner Faserverbundwerkstoffe. Es ist, wie alle Kompositwerkstoffe, aus zwei verschiedenen Komponenten zusammengesetzt, um deren Eigenschaften im Verbund zu verbessern. Holz muss nicht nur fest genug sein, um Krone und Stock des Baums selbst bei Umwelteinflüssen zu halten, sondern übernimmt zusätzlich wichtige physiologische Funktionen wie den Wassertransport und die Speicherung von Nährstoffen. Es gehört zum Sklerenchym von Pflanzen, da es als Festigungsgewebe dient und hauptsächlich aus toten Zellen besteht.[18]

Um das Faser-Matrix Zusammenspiel an einem natürlichen Beispiel zu zeigen, liegt der Seminararbeit ein Dauerpräparat bei. Auf diesem befinden

---

[18]Vgl. http://user.uni-frankfurt.de/~dingerma/Podcast/Histologie2.pdf

sich der radiale Längs- und der Querschnitt eines Balsaholzes, die mit L und Q beschriftet sind. Beide Schnitte wurden zuerst mit Sudan III und Astralblau gefärbt und anschließend mit Malinol auf einem Objektträger fixiert.

Der Balsabaum gehört zur Pflanzengattung der Ochroma und zur Familie der Malvengewächse. Mit einer durchschnittlichen Dichte von $0{,}1\,g/cm^3$ ist sein Holz etwa drei mal leichter als gewöhnliches Holz bei gleichem Volumen, hat aber dafür eine geringere Härte und Festigkeit.

Wie bereits in Kapitel 3 erwähnt, ist Holz ein Verbundwerkstoff aus sogenannten Ligninschornsteinen und Celluloseseilen. Die Matrix aus Lignin ist druckfest und spröde, während die Fasern aus Cellulose elastisch und zugfest sind.[19]

Cellulose ist der Hauptbestandteil aller pflanzlichen Zellwände. Als Folgeprodukt der Photosynthese ist sie mit einer jährlichen Produktion von 1,5 Billionen Tonnen[20] und einem Trockenmassenteil von 50% in allen pflanzlichen Zellwänden die häufigste organische Verbindung der Welt. Cellulose ist ein Polysaccharid, das heißt ein Kohlenhydrat, das aus zwei oder mehr über eine glycosidische Bindung verbundenen Einfachzuckern besteht. Es setzt sich aus tausenden Glucosemolekülen zusammen, die sich als unverzweigte Kette miteinander verbinden.

Die so entstehenden Cellulosefibrillen sind in den Präparaten blau nuanciert, da sie zu den sauren Mucopolysacchariden gehören die durch Astralblau gefärbt werden. Die Fasern verlaufen bei Holz stets in axiale Richtung, das heißt horizontal im Stamm des Baumes. Das ist auch der Grund dafür, dass die Zugfestigkeit in Axialrichtung bei Holz ca. fünf- bis achtmal so groß ist als die in radiale Richtung (also quer zum Stamm). Dadurch, dass man die Cellulosefasern im Längsschnitt von der Seite sieht, kann man sie im Gegensatz zum Lignin gut erkennen.

Lignin (von lat. lignum „Holz") ist nicht nur der Namensgeber des Holzes, sondern mit einem Massenanteil von 20-30% in Zellwänden die nach Cellulose zweithäufigste organische Verbindung der Welt. Sie setzt sich aus vielen phenolhaltigen Makromolekülen[21] zusammen. Im Gegensatz zu Cellulose ist Lignin ein stark verästeltes Molekül, das sich in den Zellwänden

---

[19] Vgl. Ledermann: Optimierung von Faserverbunden nach dem Vorbild der Natur, S. 16.

[20] Vgl. Nachtigall: Bionik, Cellulose und ihre selektive Funktionalisierung, S. 75.

[21] Sehr große Moleküle mit hoher Molekülmasse

von Pflanzenzellen in ein Gerüst aus Cellulose und Hemicellulose einlagern kann und so deren Lignifizierung (Verholzung) bewirkt. Wie andere Verholzungen wird auch die Ligninhaltige Matrix durch Sudan III rot eingefärbt. Im Längsschnitt kann man nur an manchen Stellen Lignin neben den Cellulsoefasern erkennen. Im Querschnitt erkennt man wesentlich mehr davon, da die Fasern jetzt in der Draufsicht sind.

Je nachdem, ob eine Stelle auf Druck oder Zug belastet wird, variieren auch die Anteile der Holzkomponenten. An der Astoberseite befindet sich so ein höherer Anteil von Cellulose, während an der Astunterseite Lignin vorherrscht.[22] Das Holz auf dem Dauerpräparat stammt aus dem Stamm und kann jetzt an einem geeigneten Lichtmikroskop untersucht werden.

---

[22]Vgl. Ledermann: Optimierung von Faserverbunden nach dem Vorbild der Natur, S. 16.

6 Schluss

Schon heute sind Faserverbundwerkstoffe im Flugzeugbau und in der Automobiltechnik nicht mehr wegzudenken. Durch die Kombination von hoher Festigkeit und Steifigkeit mit relativ niedriger Dichte ergeben sich mechanische Eigenschaften, die man mit herkömmlichen Werkstoffen nicht mehr erreichen könnte. Die Forschung im Bereich der Faserverbundwerkstoffe wird mittlerweile stark subventioniert, um immer bessere Materialien zu ermöglichen oder deren Kosten zu verringern. Der „Global Composite Market" prognostiziert für die nächsten fünf Jahre eine jährliche Wachstumsrate von 6,6%. Im Jahr 2019 soll er einen Wert von 25,6 Milliarden Euro erreichen.[23]

Dennoch gibt es noch Probleme zu lösen, bis Faserverbundwerkstoffe massentauglich werden können: Da sie, wie ihr Name bereits verrät, aus mehreren Materialen bestehen, gestaltet sich das Recycling als besonders schwierig. Die einzelnen Komponenten sind fest miteinander verbunden und müssen erst voneinander getrennt werden, bevor sie in den Wertstoffkreislauf zurückgeführt werden können. Außerdem sind sowohl Materialpreis als auch Fertigungskosten von Faserverbundwerkstoffen noch zu hoch, um sie in Produktionsketten herzustellen.

Es gibt aber bereits Ansätze, diese Probleme zu lösen. Mit Pyrolyseanlagen ist es mittlerweile möglich, durch eine thermo-chemische Spaltung Faser und Matrix bestimmter Faserverbundwerkstoffe voneinander zu trennen.[24] So können beispielsweise die Kohlenstofffasern aus CFK zurückgewonnen werden, was wegen ihrem hohen Energieaufwand bei der Produktion sowohl ökologischen als auch wirtschaftlichen Nutzen mit sich bringt. Es ist außerdem wahrscheinlich, dass Fertigungsverfahren bald günstiger werden und die Herstellung von Faserverbundwerkstoffen automatisiert werden kann. Gelingt einmal die Fertigung in Kleinserie, werden sie einen massiven Aufschwung erleben.

Metalle können zwar mechanisch übertroffen werden, sind im Vergleich aber meist noch die günstigere Wahl. Da Metalle jedoch knapp und die Ausgangsmaterialien für Faserverbundwerkstoffe nahezu unbegrenzt verfügbar sind, werden diese mit Sicherheit immer bedeutsamer werden.

---

[23]Vgl. http://www.researchandmarkets.com/reports/2789643/
[24]Vgl. http://www.ict.fraunhofer.de/de/komp/fil/re/faserrueckgewinnung.html

7 Literaturverzeichnis

Die Internetquellen befinden sich alle auf dem Stand des 02.11.2014. Auf der beigelegten CD sind sämtliche in der Seminararbeit verwendeten Webseiten, PDFs und Bilder lokal gespeichert.

7.1 Buchquellen

- AVK - Industrievereinigung Verstärkte Kunststoffe e. V.: Handbuch Faserverbundkunststoffe, S. 295-439

- Nachtigall, Werner: Bionik - Grundlagen und Beispiele für Ingenieure und Naturwissenschaftler, S. 61-75

- Ledermann, Markus: Beiträge zur Optimierung von Faserverbunden nach dem Vorbild der Natur, S. 16-20

  Lokal auf CD gespeichert

- Jäger, Hubert: Carbonfasern und ihre Verbundwerkstoffe: Herstellungsprozesse, Anwendungen und Marktentwicklung, S. 11-12

- Michaeli, Walter: Einführung in die Technologie der Faserverbundwerkstoffe, S. 8

- Reich, Sebastian: Einfluss der Faserverbund-Sandwichbauweise auf die kollisionssichere Gestaltung von Schienenfahrzeugen, S. 10

  Lokal auf CD gespeichert

- Schleske, Jonas, Bionik der Faserverbundwerkstoffe - Effizientere Werkstoffe nach natürlichem Vorbild?, S. 6

- Neitzel, Manfred, Die Verarbeitungstechnik der Faser-Kunststoff-Verbunde, S. 36

7.2 Internetquellen

- http://de.wikipedia.org/wiki/Faser

- http://www.chemie.de/lexikon/Faserverbundwerkstoff.html

- http://www.maschinenbau-wissen.de/skript3/werkstofftechnik/
  metall/23-bruchdehnung

- http://www.chemie.de/lexikon/
  Dehnungsvergr%C3%B6%C3%9Ferung.html

- http://www.researchandmarkets.com/reports/2789643

- http://www.ict.fraunhofer.de/de/komp/fil/re/
  faserrueckgewinnung.html

- http://http://user.uni-frankfurt.de/~dingerma/Podcast/
  Histologie2.pdf